はじめに
……大自然を感じる旅に出かけよう……

　世界には、目を見張るほど美しく、おどろきに満ちあふれた、さまざまな「絶景」があります。
　自然現象によってできた景色には、どのようにして生まれたのか、どのような環境で見られるかなど理由がたくさんつまっています。
　3巻目では「空」をテーマにした絶景を紹介しています。すさまじいエネルギーを見せつける気象現象や、特定の条件のもとでしか見られない景色のひみつなどの疑問を、科学的な視点から解き明かします。
　行きたい！　知りたい！　びっくり！　するような絶景をめぐる旅に出かけましょう。

監修／井田仁康 筑波大学名誉教授

空の絶景マップ

ホシムクドリの群れ 46ページ

スーパーセル 12-13ページ

竜巻 14-15ページ

オーロラ 24-25ページ

ユーラシア大陸 / 北アメリカ大陸 / アフリカ大陸 / 太平洋 / インド洋 / オーストラリア大陸 / 南極大陸

天の川 42-43ページ

真珠雲母 47ページ

モーニング・グローリー 22-23ページ

彗星 44-45ページ

ブロッケンの妖怪 40-41ページ

雷 4〜6ページ

乳房雲 34-35ページ

虹 30-31ページ

雷には光だけを発する「雷光」、ゴロゴロという音だけがなる「雷鳴」、光と音の両方が観測される「雷電」などの種類がある。

空を割って放たれる、まばゆい光！

雷
オーストラリア

真っ暗な空を一瞬にして明るくする力強い電気のパワー。
空と地上を結ぶ光は、毛細血管のように広がる。

オーストラリア・パースに落ちた雷。雷は、もともと「神鳴り」と書き、空にいる雷神（雷の神様）がおこって雷を地上に落とすと考えられていました。

その雷の正体は電気です。家庭用の電気の強さが100ボルトとすると、雷は100万倍の1億ボルトくらいあるといわれています。そして、雷が光った瞬間、その周辺の温度はおよそ1万度まで一気に上がります。

地面につきささる光の柱！

まぶしい光のあと、とどろくような大きな音がなりひびく。雷は、雲の中でつくられた電気が放出された瞬間だ。

光は電気、音は熱で生まれる

雷は一年中発生しますが、なかでも7月、8月などの夏の時期にもっとも増えます。

雷は、まばゆい光と、ゴロゴロという大きな音を出します。

セーターなどをぬぐときに、静電気によってパチパチと音がします。まわりが暗いと、静電気がおきた瞬間の光が見えることもあります。同じような現象が、雷では積乱雲という雲によってもたらされます。

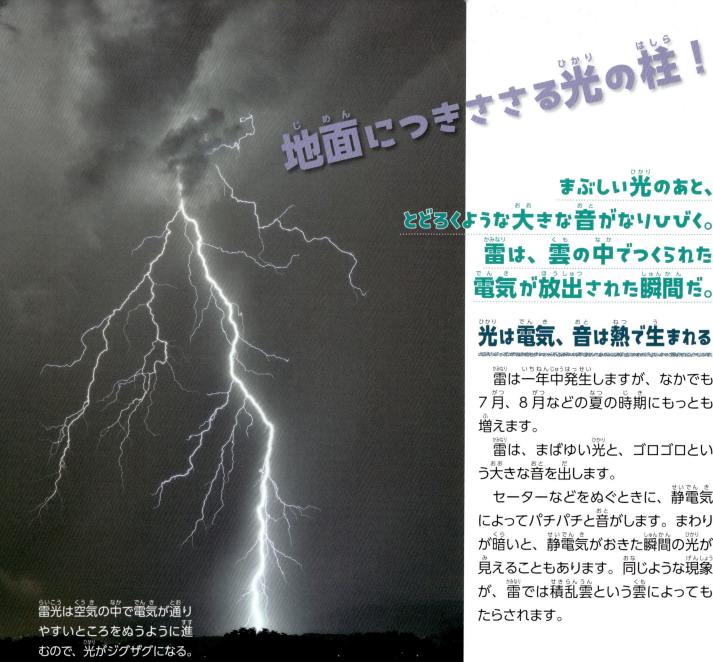

雷光は空気の中で電気が通りやすいところをぬうように進むので、光がジグザグになる。

雷はどうしておこるの？

雷は、積乱雲がきっかけでおこります。あたためられた空気が強い流れで上昇して発達した積乱雲の中で、氷のつぶがぶつかり合い、静電気が発生します。

静電気の量が増えると、プラス（＋）の電気は上へ、マイナス（－）の電気は下へたまります。そして、たくさんたまった電気は、雲と地面の間や、雲と雲の間を通って放出（放電）され、まばゆい光を放ちます。この瞬間に、空気が急激に熱されてふくらみ、その振動によって大きな音（雷鳴）がなるのです。

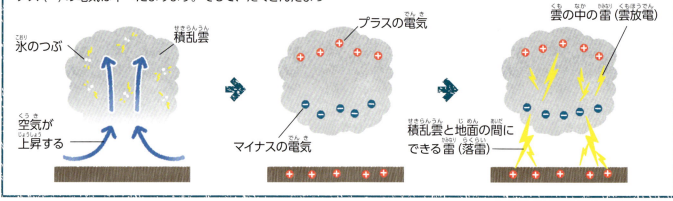

火山の火口に走る光！

火山雷
鹿児島県（日本）

▲桜島は鹿児島県の鹿児島湾北部に位置する火山。現在も活発な火山活動が続いており、入山規制も行われている。火口からふき出す噴煙の中に、細かな雷がいくつも走る。

桜島で噴火が発生。
溶岩の流れとともに、噴火口に雷が走る！

火山で生まれる雷、「火山雷」

雷には、気象現象以外でおこるものもあります。火山でおきる「火山雷」は、火山の噴火によって火口からふき出した噴煙の中でおこります。それは噴石や火山灰、水蒸気などの噴出物が噴煙の中でぶつかって発生した静電気が放電するためです。

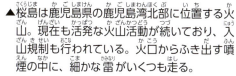

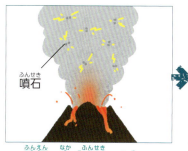

噴煙の中で噴石などがぶつかり、静電気が発生。

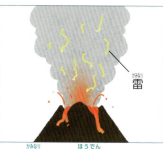

雷となって放電される。

地球をおおう、超巨大な雲のうず！

写真の台風は、2022年に日本の南鳥島近海で発生した台風「ヒンナムノー」の衛星写真。台風の目を中心に、反時計回りにうずをまいている。

台風
アジア

陸や海が見えないほど厚くおおわれた雲。
うずの中心に見える小さな穴は、「台風の目」とよばれる。

　台風の下では、すさまじい量の雨が降り、強い風がふき荒れます。まわりの風をまきこみながら、うずをまいて進む台風の回転の中心付近には、ぽっかりと穴があいています。

　この穴は「台風の目」とよばれ、目の中にいる数時間は、荒れた天気がうそのように、晴れ間が見えることもあります。

これが台風の中だ!

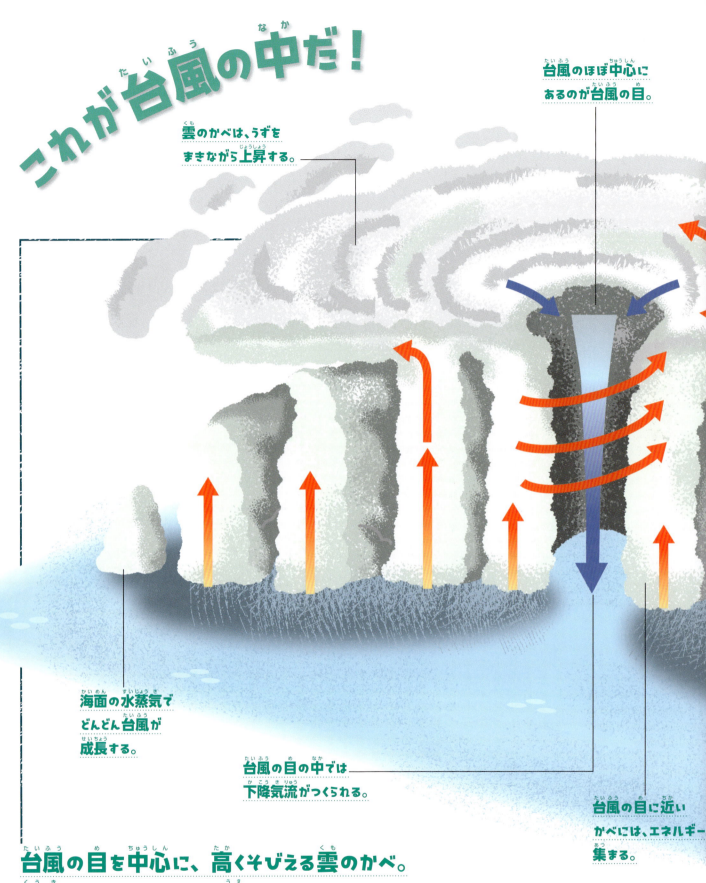

雲のかべは、うずをまきながら上昇する。

台風のほぼ中心にあるのが台風の目。

海面の水蒸気でどんどん台風が成長する。

台風の目の中では下降気流がつくられる。

台風の目に近いかべには、エネルギー集まる。

台風の目を中心に、高くそびえる雲のかべ。
空気はうずをまきながら上へとのぼっていく。

　台風の断面を見ると、台風の目を中心に、いくつものかべが立つように、雲は連なった層になっています。雲のうずは、ほぼ円形で、中心あたりの約10kmは、雲のない台風の目です。台風の目にもっとも近いかべにはエネルギーが集中していて、台風のはんいの中でも特に強い雨と風が観測されます。台風の右側は、回転する風と進む方向の速度が加わって風がとても強くなります。

台風のよび方いろいろ

　台風は、発生する場所によってよび方がちがいます。南シナ海や太平洋の北西では「台風」、大西洋や北東太平洋では「ハリケーン」、インド洋や南太平洋では「サイクロン」とよびます。台風のうずのまき方や進行方向には、地球の自転が関係しています。赤道をはさんでうずのまき方や、進む方向が変わります。

台風はどうしてできる？

　台風は、熱帯の海上であたためられた海水が蒸発して、水蒸気となって空へのぼり、冷やされて雲に変わります。水蒸気は雲に変わると熱を発生させて、上昇気流を生み、さらにまわりの風をまきこみ、雲は成長します。
　成長した雲は「熱帯低気圧」に変わり、中心付近の最大風速（10分間の平均）が毎秒17mに達すると台風になります。

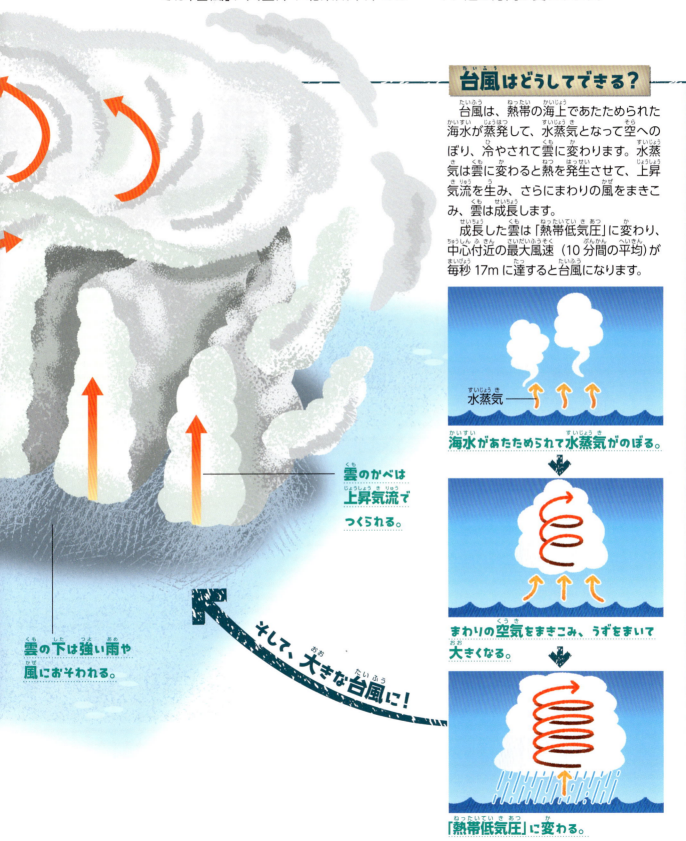

雲のかべは上昇気流でつくられる。

雲の下は強い雨や風におそわれる。

そして、大きな台風に！

水蒸気
海水があたためられて水蒸気がのぼる。

まわりの空気をまきこみ、うずをまいて大きくなる。

「熱帯低気圧」に変わる。

野原にかぶさる超巨大雲！

アメリカ・サウスダコタ州で発生したスーパーセル。この写真のスーパーセルは消えるまで数時間かかり、6つの竜巻やたくさんの雷、野球ボールほどの巨大なひょうをもたらした。

スーパーセル
アメリカ

はげしい雨をともなって空をおおうのは、山のような雲。「スーパーセル」とよばれる、大きな積乱雲だ。

スーパーセルは、積乱雲の中でも巨大なものをいいます。世界中どこでも発生する可能性がありますが、北アメリカなどでよく見られます。

積乱雲は、決められた大きさはありませんが、約10kmから、超巨大なものは100kmに達するものもあります。

そして、雲の頭は、地表から15kmをこえることもあります。ふつうの積乱雲は発生から1時間くらいで消えてしまいますが、スーパーセルは、2～3時間と長い間残るのも特ちょうです。

竜巻
アメリカ

あらゆるものをふき飛ばす、地上へ

大きな雲の下、地上とつながる空気のうず。
竜巻はすさまじいエネルギーで、車や家さえも飲みこむパワーをもつ。

大きな災害に発展することも……

竜巻は、すさまじいいきおいで上昇する、うずまく気流です。地表にあるものをすい上げて上空でまき散らします。車をひっくりかえしたり、家を破壊したりするパワーをもっています。ときには、何kmもはなれた場所まで、すい上げたものを飛ばしてしまうこともあります。

竜巻は、せまいはんいに集中して被害が出るため、移動したあとが道のように残ります。

のびたうず！

▲ 2018年6月にアメリカ・モンタナ州をおそった巨大な竜巻。アメリカでは1年で平均約1300個の竜巻が確認されている。

▶竜巻は基本的に円すい状のじょうごのような形だが、太さや長さはさまざま。

竜巻はどうしてできるの？

スーパーセル（12-13ページ）など、積乱雲が発達すると、積乱雲の中にある上昇気流と、地表近くで向きのちがう風がぶつかり、うずが発生します。

そして、気圧や気温が下がると、積乱雲の下にじょうご*のような形の雲ができ、それが地表までのびると竜巻になります。

＊液体をうつしかえるときに使う道具。「ろうと」ともいう。

インクを流したような、

長野県上田市の塩田平と山なみ。塩田平は国内でも雨が少ない地域として知られ、日本遺産にも認定される地域。まわりをかこむ山やまと、美しい夕焼けが見られる。

山も、畑も、家も、すべてが真っ赤にそまる夕焼け。
1日のうち、わずかの間しか見ることのできない絶景。

歌や詩にも登場する、印象的な空

日中は青かった空が、夕方の太陽がしずむまぎわに真っ赤にそまるのが「夕焼け」です。同じように、朝の太陽がのぼるときに、空が赤くそまるのを「朝焼け」といいます。

朝焼けも夕焼けも、太陽がのぼったり、しずんだりするわずかな間だけ見られます。
赤色のこさは、空気中の水蒸気の量で変わります。雲は水蒸気のつぶの集まりなので、雲が出ているときのほうが、空はこい赤色にそまります。

赤のグラデーション！

夕焼け
長野県（日本）

夕焼けはどうして赤いの？

　日中の太陽は、真上で高度が高く、朝日がのぼるときやしずむときの太陽は、ななめで高度が低いところにあります。

　太陽光は、色によって波長の長さがちがいます。太陽が真上にある日中は、太陽光がとどくまでの距離が短いので、空気中に青い色が散乱して空が青く見えます。

　朝や夕方は、太陽がななめにあって太陽光がとどくまでの距離が長いので、青い光は空気中に散乱してなくなり、散乱しにくい赤色が残って空が赤くそまります。

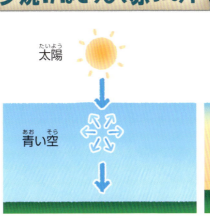

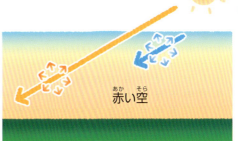

17

雲の上にうかんだ城⁉

福井県大野市にある大野城。標高249mの亀山に築かれた城は、四方を大野盆地にかこまれていて、「天空の城」ともよばる。雲海が晴れると、下には城下町が広がって見える。

雪におおわれた城の下は、あたり一面もやのような雲。
まるで空にうかんでいるような、ふしぎな景色。

朝だけに見られる白い海

雲が、まるで海のように山やまに広がるのが「雲海」です。雲海は、まるでうすいレースを重ねたような、幻想的なふんいきをつくり出します。

雲は種類によってさまざまな高さに発生しますが、雲海になる「層雲」とよばれるきりのような雲は、低い位置に発生します。そのため、山が雲海におおわれると、頂上だけが飛び出して、まるで雲の上にういているように見えるのです。

雲海
福井県(日本)

雲海はどうしてできるの?

雲海の多くは盆地*で発生します。晴れた夜は、地面の水分が蒸発して空気中にたまっていきます。そして、水蒸気をたくさんふくんだ空気が冷やされて、雲になります。

ふつうは、雲は空に向かって発達していきますが、上空にあたたかくて乾燥した空気があると、ふたをされたように雲は上昇することができません。そのため雲は、低い位置でどんどん横へ広がっていき、それが雲海になります。

*まわりを山でかこまれた、平らな場所のこと。

19

海にうかんだアイスクリーム!?

北海道尾岱沼漁港付近から見た日の出。反転してくっついた下の太陽は、ほとんどかくれて器に入れたアイスクリームのように見える。

アイスクリームときのこに見えるのは、形を変えた太陽。空気の層がつくりだす自然のマジックだ。

光が見せるまぼろし

2枚の写真は、どちらも海からの日の出（太陽）を撮影しています。このように丸いはずの太陽が、のびたり、さかさまだったり、実際の風景とはちがう、まぼろしのように見える現象を「蜃気楼」といいます。

蜃気楼は冷たい空気とあたたかい空気の温度差で生み出されるので、水平線や地平線でよく見られる現象です。

空にうかんだ大きなきのこ!?

蜃気楼
北海道（日本）

北海道・大津漁港付近から見た日の出。海上にうかんだ太陽は、真ん中から下がへこんだようにゆがみ、きのこのような形になった。

蜃気楼はどうしてできるの？

　光は、空気に温度差がないときは、まっすぐ進み、温度差があるときは曲がる性質があります。あたたかい空気と冷たい空気では、光は密度の高い冷たい空気の方へ曲がります。
　下に冷たい空気、上にあたたかい空気があるとき、上へ向かう光の一部が下へ曲がって見えるので、上方向にさかさまに蜃気楼ができます。
　下にあたたかい空気、上に冷たい空気があるとき、下へ向かう光の一部が上へ曲がって見えるので、鏡にうつしたように、下に蜃気楼ができます。

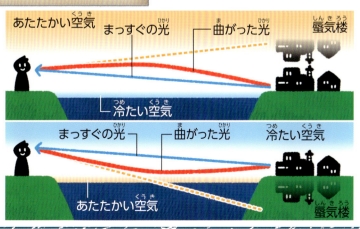

21

空に大きなロールケーキ!?

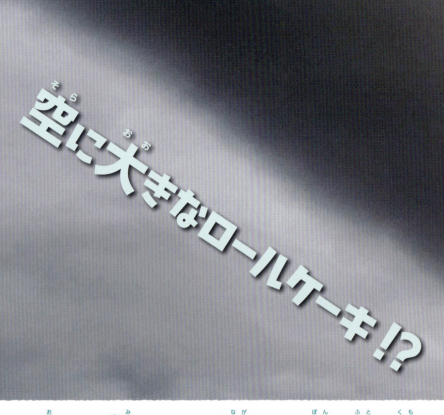

**終わりが見えないほど長い、1本の太い雲。
回転しながら進むようすは、朝に見られるめずらしい絶景。**

回転しながら進む巨大雲

　モーニング・グローリーは、朝にあらわれ、日が高くなると消えてしまう、回転するロール状の雲のことです。「ロール雲」や「巨大回転雲」ともよばれます。

　モーニング・グローリーは高度1～2kmで発生し、長さが1kmになることもあります。雲は最大で時速60kmの速度で回転しながら移動します。
　写真の雲は1本だけですが、ときに複数のロール雲が列をつくって発生することもあります。

モーニング・グローリーはどうしてできるの？

　モーニング・グローリーは、高度の低い場所で上空で冷やされて下へ流れた下降気流の上に、あたたかくしめった上昇気流が乗り上げます。
　そして、冷たい空気とあたたかい空気の境界で空気がぶつかってうずを巻き、ロール状の雲になります。
　雲は回転しているように見えますが、実際には、上昇気流で水蒸気が雲になり、その雲が下降気流にのって下に降り、あたためられて消えるということをくりかえしています。

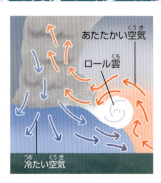

モーニング・グローリー
オーストラリア

オーストラリア・ビクトリア州ウォーナンブールで発生した
モーニング・グローリー。オーストラリアはモーニング・グ
ローリーがよく発生する場所として知られており、グライ
ダーでこの雲の気流に乗ろうと、おとずれる人も多い。

空にゆらめく、あわい色の光の帯

空でゆれる美しい光のショー、その光は、太陽から地球へとどいた風がつくり出す。

女神の名前がつけられた光の現象

オーロラは、さまざまに色を変えるうすいカーテンが空にゆれているような、幻想的な現象です。

「オーロラ」とは、ローマ神話の女神アウロラから名づけられました。

日本では「極光」と名づけられているオーロラは、

その名の通り、北極や南極を取りまく輪（オーロラベルト）で見ることができます。北半球ではカナダや北欧など、南半球では南極大陸などがオーロラがよく見られる地域です。

オーロラの光は 0.1 〜 0.01 ルクス*でとても弱いため、空が晴れて暗いときでないと、はっきりと見ることができません。

*ルクスは明るさの単位。一般的な家庭のリビングの明るさは 100 〜 150 ルクス。

オーロラ
アラスカ（アメリカ）

アラスカ北部のブルックス山脈、アッティガン・パスから見たオーロラ。オーロラは高度によって色が変わり、高度80〜100kmはピンク、100〜200kmは緑、200〜300kmは赤く光る。

どうしてオーロラができるの？

太陽で太陽フレアという爆発などがおきると、プラズマという電気をおびたつぶが宇宙へ飛び出します。太陽からは熱や光だけでなく、このプラズマも太陽風となって地球にとどきます。しかし、地球は磁場につつまれていて、プラズマの侵入をふせいだり、地球の後ろ側へ流れたりします。磁場にそって流れたプラズマは、磁場のすき間から入りこみ、極地のまわりで地球へふりそそぎます。

そして、プラズマは地球の酸素や窒素のつぶとぶつかると光を発します。これがオーロラです。

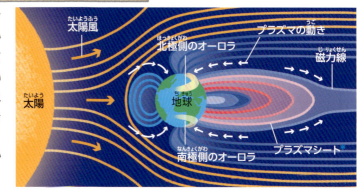

＊地球の磁場によって地球の裏側（太陽と反対側）に流れたプラズマがたまるところ。プラズマシートにたまり、そこから地球に流れていく。

雪山にあらわれたモンスター!?

蔵王のように美しい樹氷がつくられる条件が整う場所は、世界でも限られるため、12月から3月にかけて樹氷が見られる時期は、世界中から観光客がおとずれる。

雪山にあらわれたのは、びっしりならんだ雪のおばけ。
風や冷たい空気がつくる冬だけの絶景。

自然がつくる造形美!

雪山にたくさんならんでいるのは、「樹氷」です。
樹氷は、木に氷や雪がはりついてできています。
山形県と宮城県にまたがる蔵王連峰では、たくさんのアオモリトドマツという常緑針葉樹が生えていて、それらが氷や雪におおわれて樹氷となります。

たくさん雪がふる豪雪地帯では、森自体が雪にうもれてしまい、また落葉樹は葉や枝に氷がつきにくいので樹氷ができません。氷点下10〜15度、風の向き、積雪量などの条件が整うと、きれいな樹氷ができるのです。

樹氷
山形県・宮城県（日本）

葉や枝に氷の結晶がくっついて、大きくなった「エビのしっぽ」。

どうして樹氷ができるの？

　冬に日本海側から運ばれてきた、冷たくてしめった空気は、雲になって蔵王に流れてきます。この雲には、0度以下でもこおらない水のつぶ（過冷却水滴）がたくさんふくまれています。

　この水のつぶは、木にぶつかると葉や枝にくっついてこおります。氷は風上に向かって成長し、エビのしっぽのような形になると、さらに雪や氷がすき間に入って樹氷は大きく育ちます。大きく成長した樹氷は「アイスモンスター」ともよばれます。

水のつぶが葉や枝についてエビのしっぽができる。

雪や氷がすき間に入って樹氷が育つ。

冬に見られる、めずらしい絶景！

樹氷のほかにも、日本には冬にだけ見られる絶景がたくさん！

フロストフラワー
北海道（日本）

フロストフラワーは、バラの花のようなものや、鳥の羽が集まったようなものなど形がさまざま。とてもデリケートで、日がのぼって気温が高くなったり、息をふきかけたりしただけで、あっという間に溶けてなくなる。

湖にさく氷の花!?

北海道・釧路北部にある阿寒湖は、特別天然記念物のマリモやヒメマスが生息する、北海道を代表する湖です。

フロストフラワーは、阿寒湖が氷でおおわれる12月から3月にかけて見られます。

フロストフラワーは、うすく氷がはった湖面に水蒸気がくっついて氷の結晶をつくり、それがどんどん大きくなって花のようになる現象です。

フロストフラワーができるためには、風がふいていないこと、湖に雪が積もっていないこと、マイナス15度以下であることなど、条件がそろわないと見られないため「奇跡の花」ともよばれています。

御神渡り
長野県(日本)

御神渡りは毎年かならずあらわれるわけではなく、気象条件がそろったときにのみ見ることができるめずらしい現象。

バリバリと音を立てて割れる湖!?

長野県・諏訪市の諏訪湖では、1月から2月にかけて、こおりついた湖面が割れて、道のような筋があらわれます。まるで神様が歩いたあとのように見えることから「御神渡り」とよばれます。

マイナス10度以下の寒い日が続くと、湖の氷は厚くなります。

湖の氷は、気温によってちぢんだり、ふくらんだりしますが、昼夜の温度差がはげしいと、湖の南岸から北岸にかけてバリバリという音とともに氷が割れておし合い、もり上がります。

そうして湖を真っ二つにしたような御神渡りができあがるのです。

雪まくりは転がるほど雪をまとい、大きくなる。見た目は白いロールケーキのよう。

雪まくり
新潟県(日本)

雪のロールケーキ!?

広い雪原の上を雪のかたまりが転がり、ロールケーキのようにうずをまく現象を「雪まくり」といいます。「雪俵」とよばれることもあります。

湿気をふくんだ雪がうすく積もり、雪がふき飛ばないほどの風がふくと、雪のかたまりがきれいに転がり、雪まくりができます。

29

虹の上に、もう1本の虹!?

空にかかった7色にかがやく大きな虹。
その上に見えるのは、色のならびがちがう2本目の虹。

雨上がりに出あう光の現象

写真は、カナダのケベック州で見られた2本の虹です。虹は条件がそろうと、同じタイミングで上下に2本かかることがあります。

2本の虹は、色がこく、はっきりとあらわれるのが「主虹」、主虹の上にうすくあらわれるのが「副虹」です。主虹の色のならびは、上から赤、だいだい、黄、緑、青、あい、むらさきですが、副虹は主虹と向かい合うように上からむらさき、あい、青、緑、黄、だいだい、赤の順でならびます。

30

日本では虹の色を7色であらわすが、アメリカでは6色、ドイツでは5色とされている。同じ虹でも国によって色の見方がちがうので、色の数も変わってくる。

虹
カナダ

どうして虹ができるの？

夕立などのあと、空中には水のつぶがたくさんだよっています。太陽の光は、空気や水などを通るとき、曲がる（屈折する）性質があります。水のつぶが太陽光に照らされると、赤、だいだい、黄、緑、青、あい、むらさきにきれいにならんだ7色の光に分けられます。その7色の光がわたしたちの目にとどいて、虹（主虹）が見えるのです。

7色に分かれた光がさらに水のつぶを通ると、主虹の上に副虹ができます。

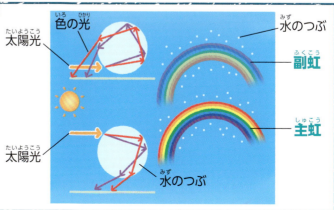

31

山がぼうしをかぶった!?

山梨県側から見た富士山。山頂にはりっぱなかさ雲がかかっている。富士山の雲は昔から天気の予測として観察され、かさ雲ができると24時間後までに雨となる確率は70％くらいといわれている。

日本一の高さをほこる富士山。
その山のてっぺんに、かさのような大きな雲がかぶさった！

富士山にできる不思議な雲

富士山は、山梨県と静岡県にまたがる、標高3776mの日本で一番高い山です。富士山は、まれに山頂あたりが雲でおおわれることがあります。まるで山が「かさ」をかぶっているように見えることから、この雲は「かさ雲」とよばれます。

かさ雲がかかった後の天気は下り坂になりやすいことから、「富士山がかさをかぶれば雨がふる」とむかしからいわれてきました。

写真のかさ雲は1つだけですが、2つ、3つ重なって発生することもあります。

かさ雲
富士山（日本）

どうしてかさ雲ができるの？

水蒸気をふくんだしめった風が富士山にぶつかると、そのまま山の斜面をのぼるように上昇していきます。空気は上昇するほど温度が下がるので、空気にふくまれていた水分が集まって風上側の斜面で雲になります。

その後、風は山の頂上を通りすぎて、風下に向かって斜面を下ります。下降して空気があたたまると、水分が蒸発して雲も消えてしまいます。この現象がくりかえされているため、同じ場所で雲がとどまり、かさをかぶっているように見えるのです。

空にうかぶマシュマロ!?

乳房雲
アメリカ

アメリカ・オクラホマ州で発生した乳房雲。乳房雲は形が変わりやすく、長くても1時間ほどで消えてしまうことが多い。大雨など、天気がくずれる前にできる雲。

空からたれ下がっているのは、丸いこぶのような雲。強い雨や風など、天気が急に変わる前ぶれ。

おっぱいにたとえられる雲

空にたくさんのマシュマロがういているような、不思議な雲は「乳房雲」といいます。丸みをおびた形がおっぱい（乳房）ににていることから名づけられました。

乳房雲は、厚くなった積乱雲の雲の底にできます。雲の中に発生した下降気流と、雲の下の上昇気流がぶつかり、雲の中でうずをまく流れ（乱流）がおこり、乳房のような形の雲ができあがります。

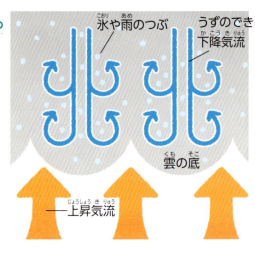

氷や雨のつぶ
うずのでき
下降気流
雲の底
上昇気流

いろいろな雲の形を見てみよう！

空にできるさまざまな形の雲は、大きく10種類に分けられます。

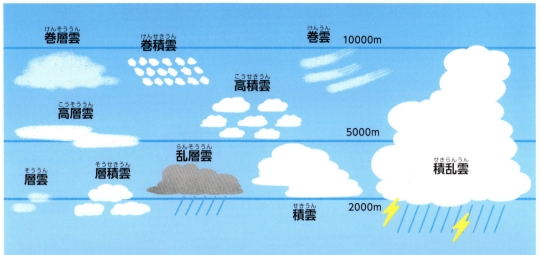

巻層雲
「うす雲」ともよばれる。かすみがかかったような、うすい雲。

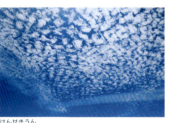
巻積雲
「うろこ雲」ともよばれる。魚のうろこのような、小つぶの雲。

積乱雲
「雷雲」ともよばれる。はげしい雨や雷をともなう、大きな雲。

高層雲
「おぼろ雲」ともよばれる。空全体をおおうぼんやりとした雲。

積雲
「わた雲」ともよばれる。形のはっきりした、同じ大きさでならぶ雲。

層雲
「きり雲」ともよばれる。低い場所で発生する、きりのような雲。

層積雲
「うね雲」ともよばれる。低い場所で空をおおう、畑のうねのような雲。

巻雲
「すじ雲」ともよばれる。はけをすべらせたような線状の雲。

乱層雲
「雨雲」ともよばれる。雨を降らせる、厚くて黒い雲。

高積雲
「ひつじ雲」ともよばれる。ひつじの群れのように集まった雲。

35

雲の中にあらわれた、まっすぐな虹⁉

太陽と雲がつくり出す、夏に見られる不思議な光の現象。

虹とちがう光の現象

環水平アークは、空をおおう、うすい雲に虹色の光がうつし出される現象です。太陽が高いときにしか見られないため、日本では夏ごろのお昼前後しか見ることができません。かならず、太陽と反対側にできる虹とはちがい、環水平アークは太陽と同じ方向、太陽とほぼ水平にあらわれるのが特ちょうです。

また、虹は雨上がりの空気中の雨つぶに太陽光が反射してできるのに対して、アークは天気が下り坂になったときの、雲の中の氷のつぶに、太陽光が反射することでできます。

環水平アーク
長野県（日本）

長野県上田市舞田の空にあらわれた環水平アーク。太陽と信州百名山にも数えられる独鈷山の間に、虹色の帯が見られた。

どうして環水平アークができるの？

「アーク」とは、大気でおこる光学現象の一つで、うす雲の中の氷のつぶに太陽の光があたって曲がり、虹色をつくり出す現象です。

環水平アークは、太陽の下46度の水平線上、高層の大気中にある雲に、帯のような虹色の光がうつし出されたものです。

環水平アークのほかにも、太陽の高度や光の曲がり方によって、さまざまなアークや「ハロ」とよばれる、太陽のまわりに光の輪があらわれる現象などがあります。

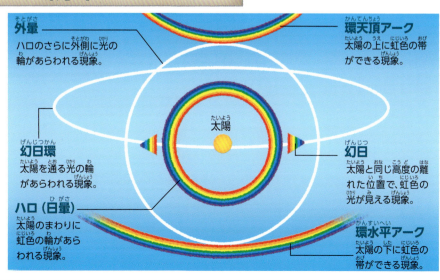

外暈 ハロのさらに外側に光の輪があらわれる現象。

環天頂アーク 太陽の上に虹色の帯ができる現象。

幻日環 太陽を通る光の輪があらわれる現象。

幻日 太陽と同じ高度の離れた位置で、虹色の光が見える現象。

ハロ（日暈） 太陽のまわりに虹色の輪があらわれる現象。

環水平アーク 太陽の下に虹色の帯ができる現象。

空気がキラキラ光る!?

北海道上富良野町で、朝日に照らされてできた「サンピラー」。美しいサンピラーが見られるのは、条件がそろった短い間のみ。

雪原にあらわれたのは、ダイヤモンドのこなをかけたような、キラキラかがやく光の柱。

「細氷」ともよばれる冬だけの絶景

北海道など寒さのきびしい地域では、冬になるとダイヤモンドダストが見られます。ダイヤモンドダストとは「ダイヤモンドのちり」という意味で、魔法をかけたように、空気がキラキラとかがやく現象です。

気温が下がって空気中の水蒸気がこおり、その氷の結晶に太陽の光が反射して光ります。

さらに、氷の結晶の向きがそろったときに太陽の光が反射すると、光の柱ができます。

ダイヤモンドダスト
北海道（日本）

どうしてダイヤモンドダストができるの？

ダイヤモンドダストは、北海道では1月から2月ごろ、風がない晴れた朝や夕方に見られます。気温がマイナス15〜20度になると、空気中の水蒸気は氷の結晶になります。

結晶の大きさは0.05〜0.1mmでとても小さくて平たい六角柱をしています。空気中をただよう六角柱の結晶の上面や底面に、低い位置にある日の出や日の入りの太陽の光があたると、キラキラ光るダイヤモンドダストが見られます。

さらに、結晶の底面が地面に対してほぼ平行にならんだとき太陽の光が反射すると、光の柱のように見えます。この現象を「サンピラー」といいます。

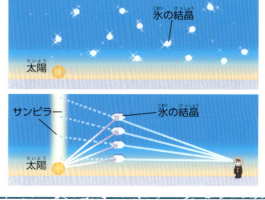

39

虹色の光をまとった妖怪!?

ポーランドとスロバキアにまたがる、タトラ山脈のクリヴァン山で見られたブロッケン現象。霧の中に、体をかたむけた人のシルエットがうかび、そのまわりに虹色の光の輪が連なっている。

まわりに何もないはずの山の頂上、空にあらわれたのは人形の影!

正体は妖怪? 神様?

雲や霧の中にのびた影と、そのまわりを7色の光の輪がおおう現象を「ブロッケン現象」といいます。ドイツのブロッケン山でよく見られることから名づけられました。

雲や霧に大きな人形がうつることから、外国ではその影を不吉なものととらえて「ブロッケンの妖怪」とよびます。しかし、日本では反対に、神様があらわれた縁起のよいものととらえて、「御来迎」「御光」などとよばれます。

ブロッケンの妖怪
スロバキア・ポーランド

どうしてブロッケン現象がおきるの？

ブロッケン現象は、山でおきる気象現象です。太陽を背にして立ったとき、自分を起点に、正面にある霧や雲に自分の影が大きくのびてうつし出され、そのまわりの霧や雲の水のつぶに太陽の光があたると、光が散乱して虹色の輪があらわれるのです。

まれに、飛行機から見られることがあり、その場合は飛行機の影を中心に光の輪ができます。

自分を中心に、後方に太陽、前方に霧や雲があるとブロッケン現象がおこる。

空を明るく照らす光の帯!

天の川の光はあわいので、町の明かりなど、人工的な光の影響がある場所では見えない。アルケヴァでは夜間の照明がおさえられ、空いっぱいの星が観測できるような取り組みがされている。

夜空にまたたく、たくさんの星の中、ひときわ目立つのは光りかがやく天の川。

七夕の物語に登場する星空

ポルトガル南部のアルケヴァは、世界で200か所以上が認定されている「星空保護区」の一つです。

空を横断する壮大な天の川の正体は、太陽系のある天の川銀河(銀河系)の中心の方角を見たすがたです。

天の川銀河は、約2000億個もの恒星*が集まってできているといわれています。わたしたちが夜空を見上げたときに見える星座を形づくるたくさんの星も、ほぼすべて天の川銀河の中の星です。

*みずから光を発してかがやく天体。夜空にかがやく星のほとんどが恒星。

天の川
ポルトガル

どうして天の川ができるの？

天の川銀河は、中心からうずをまいた円形、横から見ると真ん中がふくらんだ円盤のような形をしています。

地球のある太陽系は、天の川銀河の中心から外れたはしに位置しています。中心に近いほど星の数が多く、はしにいくほど少なくなります。

地球から中心の方角を見ると、星がたくさん集まった光の帯のように広がって見えるのが天の川です。

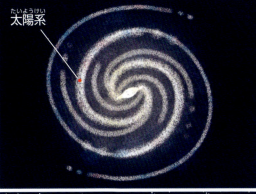

天の川銀河を垂直方向から見たすがた。

天の川銀河を横から見たすがた。

43

1997年に、ハワイのマウナケア山にあるマウナケア天文台から観測された、ヘール・ボップ彗星。コマ*からは2本の尾がのびている。

長い尾を引きながら通りすぎる光の正体は彗星。
いつやってくるかわからない、なぞに包まれた天体。

太陽のまわりを回るなかまの星

彗星は、「ほうき星」ともよばれ、その名前の通り、ほうきのように星に尾が生えたようなすがたをしています。

彗星も地球と同じように太陽のまわりを回っていますが、一周するのに数年のものから、数万年かかるもの、太陽に近づいてそのままもどってこないものまでさまざまです。

彗星は年間30個ほど発見されていますが、ほとんどが大きな望遠鏡を使わないとわからないものばかりで、肉眼で見られるものはとてもめずらしいです。

*核を取りまいている、核から放出されたガスやちりの大気。

彗星
ハワイ(アメリカ)

夜空をまたぐ、光るボール!?

彗星ってどんな星なの?

彗星は、星の大きさ数km～数十kmの小さな天体です。約8割が氷、そのほかはちりや二酸化炭素、ガスなどからできていて、「よごれた雪だるま」とよばれることもあります。

彗星は、太陽のまわりを回っています。太陽から遠いと尾をひいていませんが、太陽に近づくと放出されるちりやガスの量が多くなるため、より明るく光り、尾も長くのびます。

流れ星は、地球の外側から氷や小さな石のかけらなどが飛びこんで、地球の空気とこすれて光る現象で、彗星とは別のものです。

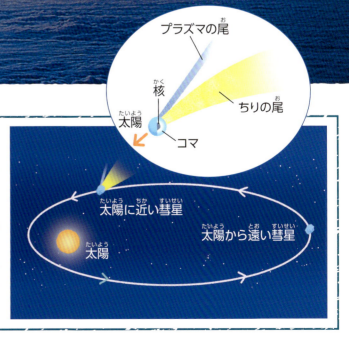

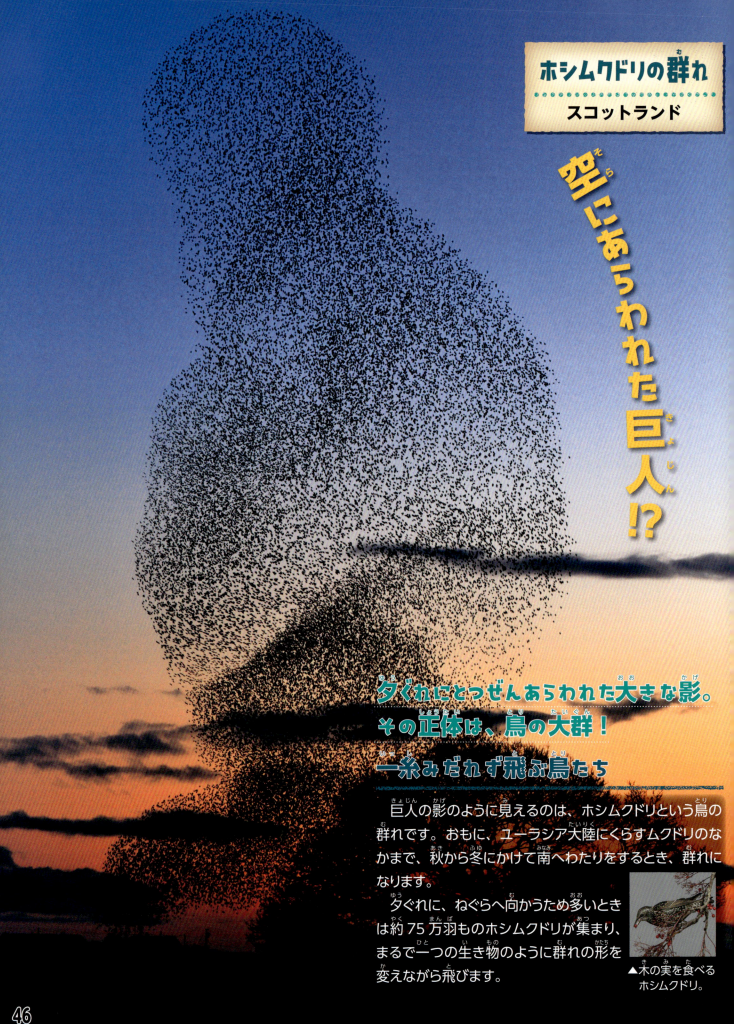

ホシムクドリの群れ
スコットランド

空にあらわれた巨人⁉

夕ぐれにとつぜんあらわれた大きな影。
その正体は、鳥の大群！
一糸みだれず飛ぶ鳥たち

　巨人の影のように見えるのは、ホシムクドリという鳥の群れです。おもに、ユーラシア大陸にくらすムクドリのなかまで、秋から冬にかけて南へわたりをするとき、群れになります。
　夕ぐれに、ねぐらへ向かうため多いときは約75万羽ものホシムクドリが集まり、まるで一つの生き物のように群れの形を変えながら飛びます。

▲木の実を食べるホシムクドリ。

虹のマーブルもようの空⁉

南極大陸で観測された真珠母雲。真珠母雲は南極などの極地で寒い冬に発生する。

真珠母雲
南極

▶真珠母雲の名前の由来になったアコヤ貝の内側。光の加減でさまざまな色にかがやく。

極地でだけ見られる不思議な雲

さまざまな色のインクを少しずつまぜたような、不思議な雲は「真珠母雲」といいます。真珠の養殖に使われる、アコヤ貝の内側のキラキラとしたかがやきににていることから名前がつけられました。

真珠母雲は、正式には「極域成層圏雲」とよばれるように、成層圏という気温マイナス80度、高度20〜30kmの空のとても高い場所で発生します。

美しい雲ですが、同じ成層圏に発生するオゾン層の破壊に関係があるとされています。

47

さくいん

・・・・・・・・・・ あ行 ・・・・・・・・・・

アーク ・・・・・・・・・・・・・・・・・・・・・・・・ 36-37

アイスモンスター ・・・・・・・・・・・・・・・・ 27

朝焼け ・・・・・・・・・・・・・・・・・・・・・・・・・・ 16

天の川（天の川銀河） ・・・・・・・・・・ 42-43

アメリカ ・・・・・・・・・・・・ 12-13、14-15、34

アラスカ ・・・・・・・・・・・・・・・・・・・・・・ 24-25

雲海 ・・・・・・・・・・・・・・・・・・・・・・・・・ 18-19

エビのしっぽ ・・・・・・・・・・・・・・・・・・・・ 27

オーストラリア ・・・・・・・・・・・ 4-5、22-23

オーロラ ・・・・・・・・・・・・・・・・・・・・・・ 24-25

御神渡り ・・・・・・・・・・・・・・・・・・・・・・・・ 29

・・・・・・・・・・ か行 ・・・・・・・・・・

下降気流 ・・・・・・・・・・・・・・・・ 10、22、34

鹿児島県 ・・・・・・・・・・・・・・・・・・・・・・・・・ 7

かさ雲 ・・・・・・・・・・・・・・・・・・・・・・・ 32-33

火山雷 ・・・・・・・・・・・・・・・・・・・・・・・・・・・ 7

カナダ ・・・・・・・・・・・・・・・・・・・・・・・ 30-31

雷 ・・・・・・・・・・・・・・・・ 4-5、6-7、12

環水平アーク ・・・・・・・・・・・・・・・・・ 36-37

巨大回転雲 ・・・・・・・・・・・・・・・・・・・・・・ 22

極光 ・・・・・・・・・・・・・・・・・・・・・・・・・・・・ 24

銀河 ・・・・・・・・・・・・・・・・・・・・・・・・・ 42-43

雲 ・・・6、8-9、10-11、12-13、15、16、18-19、
　　22-23、27、32-33、34-35、36-37、
　　40-41、47

巻雲 ・・・・・・・・・・・・・・・・・・・・・・・・・・・・ 35

巻積雲 ・・・・・・・・・・・・・・・・・・・・・・・・・・ 35

巻層雲 ・・・・・・・・・・・・・・・・・・・・・・・・・・ 35

恒星 ・・・・・・・・・・・・・・・・・・・・・・・・・・・・ 42

高積雲 ・・・・・・・・・・・・・・・・・・・・・・・・・・ 35

高層雲 ・・・・・・・・・・・・・・・・・・・・・・・・・・ 35

氷 ・・・・・・ 26-27、28-29、36-37、38-39、45

・・・・・・・・・・ さ行 ・・・・・・・・・・

サイクロン ・・・・・・・・・・・・・・・・・・・・・・ 11

蔵王 ・・・・・・・・・・・・・・・・・・・・・・・・ 26-27

桜島 ・・・・・・・・・・・・・・・・・・・・・・・・・・・・・ 7

サンピラー ・・・・・・・・・・・・・・・・・・・・ 38-39

静岡県 ・・・・・・・・・・・・・・・・・・・・・・・・・・ 32

主虹 ・・・・・・・・・・・・・・・・・・・・・・・・・ 30-31

樹氷 ・・・・・・・・・・・・・・・・・・・・・・・・・ 26-27

上昇気流 ・・・・・・・・・・・・ 11、15、22、34

蜃気楼 ・・・・・・・・・・・・・・・・・・・・・・・ 20-21

真珠雲母 ・・・・・・・・・・・・・・・・・・・・・・・・ 47

水蒸気・・・ 7、10-11、16、19、22、28、33、
　　　38-39

彗星 ・・・・・・・・・・・・・・・・・・・・・・・・・ 44-45

スーパーセル ・・・・・・・・・・・・・・・・・ 12-13

スコットランド ・・・・・・・・・・・・・・・・・・ 46

スロバキア ・・・・・・・・・・・・・・・・・・・ 40-41

成層圏 ・・・・・・・・・・・・・・・・・・・・・・・・・・ 47

静電気 ・・・・・・・・・・・・・・・・・・・・・・・・・ 6-7

積雲 ・・・・・・・・・・・・・・・・・・・・・・・・・・・・ 35

積乱雲 ・・・・・・・・・・・・・・・ 6、13、15、34-35

層雲 ・・・・・・・・・・・・・・・・・・・・・・・・ 18、35

層積雲 ・・・・・・・・・・・・・・・・・・・・・・・・・・ 35

48

た行

台風 …………………………………… 8-9、10-11
台風の目 …………………………………… 8-9、10
ダイヤモンドダスト …………………………… 38-39
太陽……16-17、20-21、24-25、31、36-37、
　　　　38-39、41、44-45
太陽系 …………………………………………… 42-43
太陽風 …………………………………………… 25
太陽フレア ……………………………………… 25
竜巻 …………………………………… 12、14-15
乳房雲 …………………………………………… 34-35
電気 ……………………………………………… 5、6

な行

長野県 …………………… 16-17、29、36-37
南極（南極大陸） ………………………… 24-25、47
新潟県 …………………………………………… 29
虹 ……………………… 30-31、36-37、40-41、47
熱帯低気圧 ……………………………………… 11

は行

ハリケーン ……………………………………… 11
ハロ ……………………………………………… 37
ハワイ …………………………………………… 44-45
光……21、24-25、30-31、36-37、38-39、
　　　40-41、42-43、44、47
福井県 …………………………………………… 18-19
副虹 ……………………………………………… 30-31
富士山 …………………………………………… 32-33

プラズマ ……………………………………… 25

フロストフラワー ……………………………… 28
ブロッケン現象 ………………………………… 40-41
ブロッケンの妖怪 ……………………………… 40-41
ほうき星 ………………………………………… 44
ポーランド ……………………………………… 40-41
ホシムクドリ …………………………………… 46
北海道 ………………… 20-21、28、38-39
北極 ……………………………………………… 24-25
ポルトガル ……………………………………… 42-43
盆地 ……………………………………………… 19

ま行

宮城県 …………………………………………… 26-27
モーニング・グローリー ……………………… 22-23

や行

山形県 …………………………………………… 26-27
山梨県 …………………………………………… 32
夕焼け …………………………………………… 16-17
雪 …………………………………… 26-27、29
雪まくり ………………………………………… 29

ら行

雷光 ……………………………………………… 4
雷電 ……………………………………………… 4
雷鳴 ……………………………………………… 4、6
乱層雲 …………………………………………… 35
ロール雲 ………………………………………… 22

49

監修　井田仁康（いだ よしやす）

1958年東京都生まれ。筑波大学名誉教授。社会科教育・地理教育の実践的研究を専門とし、日本社会科教育学会長、日本地理教育学会長を歴任、現在は日本地理学会長。編著に『世界の今がわかる「地理」の本』（三笠書房）、『13歳からの世界地図』（幻冬舎）、『日本の自然と人びとのくらし』（岩崎書店）などがある。

- イラスト ── いわにしまゆみ・森永みぐ
- 装丁・デザイン ── 坂田良子
- 校　　正 ── 滄流社
- 編　　集 ── グループ・コロンブス
- 写　　真 ── アフロ・PIXTA・フォトライブラリー

びっくり！行きたい！知りたい！
世界の大自然 ❸ 空の絶景
2025年3月31日　第1刷発行

監　修	井田仁康
発行者	小松崎敬子
発行所	株式会社岩崎書店
	〒112-0014 東京都文京区関口2-3-3 7F
電　話	03-6626-5080（営業）／03-6626-5082（編集）
印　刷	株式会社東京印書館
製　本	大村製本株式会社

©2025 Group Columbus
Published by IWASAKI Publishing Co., Ltd. Printed in Japan
NDC 450 ISBN 978-4-265-09239-0
29×22cm 50P

岩崎書店ホームページ　https://www.iwasakishoten.co.jp
ご意見・ご感想をお寄せください。
info@iwasakishoten.co.jp

落丁本・乱丁本は小社負担にておとりかえいたします。
本書のコピー、スキャン、デジタル化等の無断複製は著作権法上での例外を除き禁じられています。本書を代行業者等の第三者に依頼してスキャンやデジタル化することは、たとえ個人や家庭内での利用であっても一切認められておりません。朗読や読み聞かせ動画での配信も著作権法で禁じられています。